Autor: Jürgen Schlüsing
Umschlaggestaltung: Hans-Jürgen Hellberg/Jürgen Schlüsing
Cover-Foto: Hans-Jürgen Hellberg

Die Autoren, der Dipl.-Physiker Hans-Jürgen Hellberg und der Bauingenieur Dr. Karl Jürgen Schlüsing haben in ihren Vorlesungen für Studienanfänger des Studienganges Wirtschaftsingenieur immer wieder feststellen müssen, dass die vorhandenen mathematischen Grundlagen nicht ausreichen, um sich die naturwissenschaftlichen Grundlagen gleich zu Beginn des Studiums erfolgreich zu erarbeiten. Aus diesem Grund ist diese Booklet-Reihe für Mathematik und Naturwissenschaften entstanden.

Die Booklets unterscheiden sich von den typischen Lehrbüchern, die vollständige Themenbereiche abdecken und meistens sehr umfangreich sind. Dadurch, dass jedes Booklet für ein einzelnes Thema steht, kann sich der Student gezielt auf das gewünschte Thema konzentrieren, ohne ein umfangreiches Lehrbuch oder verschiedene Bücher durchblättern zu müssen. Die Themen in den Booklets werden jeweils auf 25 bis 50 Seiten abgehandelt und wo erforderlich mit dem Verweis auf andere Booklets versehen. Im Falle der Naturwissenschaften erfolgt der Verweis an gegebener Stelle, auf die ergänzenden Booklets der Mathematikserie. Zudem findet der Student im Anhang weitere Literaturhinweise.

Dieses System ermöglicht dem Studenten, Schwerpunkte zu setzen, das Wissen durch kurze Wiederholungen zu festigen und sich schnell und leichter auf Prüfungen vorzubereiten.

Bibliografische Information der Deutschen Nationalbibliothek:
Die Deutsche Nationalbibliothek verzeichnet diese Publikation in der Deutschen Nationalbibliografie; detaillierte bibliografische Daten sind im Internet über dnb.dnb.de abrufbar.

Herstellung und Verlag: BoD – Book on Demand, Norderstedt

ISBN: 978-3-7526-4190-5

1.7 Summen- und Produktzeichen

1.7.1 Summenzeichen

Zur Abkürzung der Schreibweise von Summen, in denen natürliche Zahlen vorkommen, führt man den griechischen Buchstaben $\sum$ als Summenzeichen ein.

Man schreibt die Summe der ersten 7 natürlichen Zahlen:

$$1+2+3+4+5+6+7=$$

(gesprochen Summe aller i von i=1 bis i=7);

$i \in Z$ (i= Summationsindex und gilt für alle ganzen Zahlen)

Es gibt eine untere und eine obere Summationsgrenze.

Rechenregeln:
$$\sum_{i=m}^{n} a_i = a_m + a_{m+1} + \dots a_n = \sum_{k=m}^{n} a_k$$

(Benennung des Summationsindex ist beliebig)

$$\sum_{i=m}^{n} c * a_i = c * \sum_{i=m}^{n} a_i$$

Eine multiplikative Konstante kann vor das Summenzeichen gezogen werden.

$$\sum_{i=m}^{n} (a_i \pm b_i) = \sum_{i=m}^{n} a_i \pm \sum_{i=m}^{n} b_i$$

Eine Summe aus zwei Summanden kann in zwei einzelne Summen zerlegt werden.

Doppelsumme:

$$\sum_{i=1}^{m} i \sum_{j=1}^{n} a_{ij} = \sum_{j=1}^{n} j \sum_{i=1}^{m} a_{ij} = \begin{pmatrix} a11 +a12 +a12 \cdots +a1n \\ +a21 +a22 +a23 \cdots +a2n \\ \vdots \quad \vdots \quad \vdots \quad \vdots \quad \vdots \\ +am1 +am2 +am3 \cdots +amn \end{pmatrix}$$

$$\sum_{i=1}^{n} a_i \quad * \quad \sum_{j=1}^{n} b_j \quad = \sum_{i=1}^{n} \quad \sum_{j=1}^{n} a_i b_j$$

Aufgaben: Schreiben Sie ausführlich:

$$\sum_{i=1}^{n} (-1)^{i+1} * i^2 = +1^2 - 2^2 + 3^2 - \dots + (-1)^{n+1} * n^2 \text{ (alternierende Reihe)}$$

Aufgaben Summenzeichen:

Schreiben Sie mit Summenzeichen:

a) $1 + 3 + 5 + 7 \dots =$

b) $\frac{1}{2} + \frac{2}{4} + \frac{3}{8} + \frac{4}{16} + \dots + \left(\frac{n}{2^n}\right)$

Berechnen Sie:

c) $\displaystyle\sum_{i=1}^{2} \quad \sum_{j=1}^{3} 3i * 5j$

d) $\displaystyle\sum_{i=4}^{9} \frac{i}{2i + 1}$

1.7.2 Produktzeichen

Zur Abkürzung des Produktes vieler Zahlen kann das Zeichen Π benutzt werden.

$$a_1 * a_2 * a_3 * \ldots * a_n = \prod_{i=1}^{n} a_i \quad ; \text{Produkt aller } a_i \text{ für i von 1 bis}$$

n = Multiplikationsindex

Produkt der

natürlichen Zahlen: $1 * 2 * 3 * \ldots * n = \prod_{i=1}^{n} i \quad = n!; i \in N$

Rechenregeln:

$$\prod_{i=1}^{n} c = c * c * c * \ldots * c = c^n ; c \in \mathbb{R}$$

$$\prod_{i=1}^{n} c * a_i = c^n * \prod_{i=1}^{n} a_i$$

$$\prod_{i=1}^{n} a_i b_i = \prod_{i=1}^{n} a_i * \prod_{i=1}^{n} b_i$$

$$\prod_{i=1}^{n} a_i^2 = (\prod_{i=1}^{n} a_i)^2$$

Beispiel:

$$\prod_{i=1}^{3} 4a_i = 4a_1 * 4a_2 * 4a_3 = 4^3 a_i =>$$

$$\prod_{i=1}^{3} 4i = 64 \cdot 1 \cdot 2 \cdot 3 = 64 \cdot 6 = 384$$

Aufgaben Produktzeichen:

Schreiben Sie mit Produktzeichen und berechnen Sie:

$8 * 15 * 22 * 29 * 36 * 43 =$

Berechnen Sie:

i	1	2	3	4
x_i	5	2	1	2
y_i	1	4	3	1

$$\prod_{i=1}^{4} x_i y_i$$

$$\prod_{i=1}^{8} (2i)$$

a) Berechnen Sie das Produkt
b) Berechnen Sie das Produkt, indem Sie die Konstante nach vorne ziehen

1.8 Der binomische Lehrsatz

Unter einem Binom versteht man eine Summe aus zwei Gliedern (Summanden) der allgemeinen Form a+b. Die n-te Potenz eines solchen Binoms lässt sich dabei nach dem binomischen Lehrsatz wie folgt entwickeln:

$$(a+b)^n = a^n + \binom{n}{1} a^{n-1} \cdot b^1 + \binom{n}{2} a^{n-2} \cdot b^2 + \ldots$$

$$+ \binom{n}{n-1} a^1 \cdot b^{n-1} + b^n ; \ (\, n \in N \,)$$

Ihr Bildungsgesetz lautet:

$$\binom{n}{k} = \frac{n!}{k!(n-k)!} \ ; \text{ ergänzend wird } \binom{n}{0} = 1 \text{ gesetzt.}$$

Die Entwicklungskoeffizienten $\binom{n}{k}$ heißen Binominalkoeffizienten. Der binomische Lehrsatz kann auch unter Verwendung des Summenzeichens in der Form

$$(a+b)^n = \binom{n}{k} a^{n-k} \cdot b^k \qquad \text{dargestellt werden.}$$

Pascalsches Dreieck

Die Binominalkoeffizienten $\binom{n}{k}$ können auch direkt aus dem folgenden sogenannten Pascalschen Dreieck abgelesen werden (Bildungsgesetz: Jede Zahl ist die Summe der beiden unmittelbar links und rechts über ihr stehenden Zahlen):

Der Koeffizient steht dabei in der (n+1)-ten Zeile an (k+1)-ter Stelle.

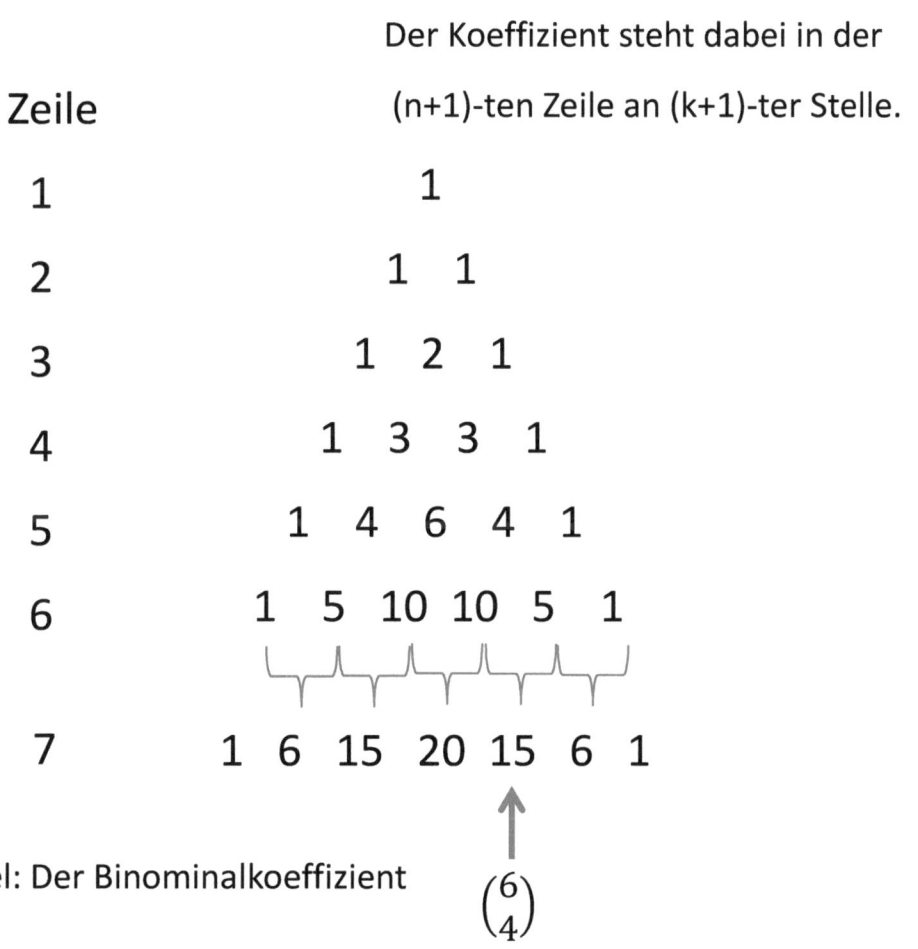

Zeile	
1	1
2	1 1
3	1 2 1
4	1 3 3 1
5	1 4 6 4 1
6	1 5 10 10 5 1
7	1 6 15 20 15 6 1

Beispiel: Der Binominalkoeffizient $\binom{6}{4}$

$\binom{6}{4}$ steht in der 7. Zeile an der 5.Stelle und besitzt den Wert 15.

$$\binom{n}{k} = \frac{n!}{k!(n-k)!} \;;\; \binom{6}{4} = \frac{6!}{4!(6-4)!} = 15$$

Muster im Dreieck

$$1 \quad \longleftarrow \quad 1$$
$$1 \quad 1 \quad \longleftarrow \quad 2$$
$$1 \quad 2 \quad 1 \quad \longleftarrow \quad 4$$
$$1 \quad 3 \quad 3 \quad 1 \quad \longleftarrow \quad 8$$
$$1 \quad 4 \quad 6 \quad 4 \quad 1 \quad \longleftarrow \quad 16$$
$$\longleftarrow \quad 32$$
$$1 \quad 5 \quad 10 \quad 10 \quad 5 \quad 1 \quad \longleftarrow \quad 64$$
$$1 \quad 6 \quad 15 \quad 20 \quad 15 \quad 6 \quad 1$$

Einsen

Zählzahlen

Dreieckszahlen

Tetraederzahlen

$$1$$
$$1 \quad 1$$
$$1 \quad 2 \quad 1$$
$$1 \quad 3 \quad 3 \quad 1$$
$$1 \quad 4 \quad 6 \quad 4 \quad 1$$
$$1 \quad 5 \quad 10 \quad 10 \quad 5 \quad 1$$
$$1 \quad 6 \quad 15 \quad 20 \quad 15 \quad 6 \quad 1$$

$$1 \quad \longleftarrow \quad 11^{0}$$
$$1 \quad 1 \quad \longleftarrow \quad 11^{1}$$
$$1 \quad 2 \quad 1 \quad \longleftarrow \quad 11^{2}$$
$$1 \quad 3 \quad 3 \quad 1 \quad \longleftarrow \quad 11^{3}$$
$$1 \quad 4 \quad 6 \quad 4 \quad 1 \quad \longleftarrow \quad 11^{4}$$
$$1 \quad 5 \quad 10 \quad 10 \quad 5 \quad 1$$
$$1 \quad 6 \quad 15 \quad 20 \quad 15 \quad 6 \quad 1$$

Für n=2 erhalten wir die folgenden aus der Schulmathematik bereits bekannten Formeln:

1.Binom $(a + b)^2 = a^2 + \binom{2}{1} ab + b^2 = a^2 + 2ab + b^2$

2.Binom $(a - b)^2 = a^2 - \binom{2}{1} ab + b^2 = a^2 - 2ab + b^2$

Aufgaben Binomische Formel:

1) : Entwickeln Sie das Binom für n = 3:

2) Entwickeln Sie das Binom $(2x \pm 5y)^3$ nach fallenden Potenzen von x:

3) Berechnen Sie den Binominalkoeffizienten:

$$\binom{8}{3} = \qquad\qquad \binom{10}{4} =$$

4) Geben Sie das 5.Glied in der Entwicklung von $(2a + 3b)^5$ an.

5) Wie lautet das 3. Glied des Binoms $(a + b)^{20}$

1.9 Termumformungen

Aufgaben Termumformungen:

1) $W = \dfrac{\pi}{32} \cdot \dfrac{D^2 - d^2}{D}$; d=?, D=?

2) Lösen Sie nach a) y und b) n auf:

$(1-m)^y / [1-(1-m)^y] = (1-n) / n$

3) Lösen Sie nach n auf: $B = \dfrac{r}{q^{n-1}} \cdot \dfrac{q^n - 1}{q - 1}$

4) Lösen Sie nach x auf: $y = \dfrac{\sqrt{e^x}}{e^x + 1}$

1.10 Einheiten

1. <u>SI-Basiseinheiten (Internationales Einheitssystem)</u>

Länge: Meter(m), Masse: Kilogramm(kg), Zeit: Sekunde(s)

Elektrische Stromstärke: Ampère (A), elektrische Ladung: Coulomb (1 C = 1 As)

Temperatur: Kelvin(k), Stoffmenge: Mol (mol)

Lichtstärke: Candela (cd)

Alle weiteren Einheiten sind abgeleitet worden!

2. <u>Dezimale Vielfache und Teile der SI-Einheiten</u>

10^{12} Tera (T)	10^2 Hekto (h)	10^{-3} Milli (m)
10^9 Giga (G)	10^1 Deka (d)	10^{-6} Mikro (μ)
10^6 Mega (M)	10^{-1} Dezi (d)	10^{-9} Nano (n)
10^3 Kilo (k)	10^{-2} Zenti (c)	10^{-12} Piko (p)

3. <u>Größen- und Zahlenwertgleichungen</u>

a) In einer Größengleichung wird eine Beziehung zwischen Größen dargestellt. Die Auswertung der Größengleichung v = s/t liefert immer das gleiche Ergebnis, unabhängig davon, in welcher Einheit s, v, und t eingesetzt werden.

b) Zahlenwertgleichungen geben die Beziehungen zwischen Zahlenwerten von Größen wieder. Zahlenwertgleichungen erfordern immer die zusätzliche Angabe der Einheiten, für die die Zahlenwerte gelten. Zahlenwertgleichungen müssen als solche gekennzeichnet werden, z.B.: v= $3,6 \cdot \frac{s}{t}$ mit v in km/h, s in m und t in s.

4. Längen:

1 km = 1000 m

1 m = 10 dm

1 dm = 10 cm

1 cm = 10 mm

1 Seemeile (Sm) = 1,852 km

5. Fläche:

$1\text{ km}^2 = 10^6\text{ m}^2$

$1\text{ m}^2 = 100\text{ dm}^2$

$1\text{ dm}^2 = 100\text{ cm}^2$

$1\text{ cm}^2 = 100\text{ mm}^2$

$1\text{ a} = 100\text{ m}^2$

$1\text{ ha} = 100\text{ a} = 10^4\text{ m}^2$

6. Volumen:

$1\text{ m}^3 = 1000\text{ dm}^3$

$1\text{ dm}^3 = 1000\text{ cm}^3$

$1\text{ cm}^3 = 1000\text{ mm}^3$

$1\text{ l} = 1\text{ dm}^3$

$1\text{ hl} = 100\text{ l} = 100\text{ dm}^3$

7. Masse, Dichte:

1 t = 1000 kg

1 kg = 1000 g

1 g = 1000 mg

1 dz = 100 kg

$\rho = 1\frac{kg}{m^3} = 1\frac{g}{dm^3}$

8. Winkel:

$1° = 60'$

$1' = 60''$

Radiant: $1\text{ rad} = \frac{180}{\pi} = 57,3°$

$2\pi\text{ rad} = 360°$

9. Zeit:

1 Jahr = 12 Monate = 365 d

1 d = 24 h

1 h = 60 min

1 min = 60 sek

10. Frequenz:

1 Hertz (Hz) = $\frac{1}{s}$

Drehzahl: $\frac{1}{s}$; $\frac{1}{min}$

11. Geschwindigkeit, Beschleunigung:

$1\frac{m}{s} = 3,6\frac{km}{h}$

1 Knoten (kn) = $1\frac{sm}{h}$

Beschleunigung: $1\frac{m}{s^2}$

Erdbeschleunigung g = $9,81\frac{m}{s^2}$

Winkelgeschwindigkeit: $\frac{rad}{s}$

Winkelbeschleunigung: $\frac{rad}{s^2}$

12. Kraft, Druck:

1 Newton (N) = 1 kg $\frac{m}{s^2}$

1 Pascal = $1\frac{N}{m^2} = 1\frac{kg}{s^2 m}$

13. Temperatur:

Kelvin K

Celsius in °C

1 K = 1°C

$t = T - T_0$

T_0 = 273,15 K

14. Energie, Arbeit:

1 Joule = 1 Nm = W

1.11 Gleichungen

1.11.1 Prozent-/Zinsrechnung

$a = b \cdot \dfrac{p}{100}$;   b = Grundwert; a = Prozentwert;

$p^* = \dfrac{p}{100}$; p = Prozentsatz

1.11.2 Dreisatz

a) Proportionale Zuordnung:
25 m Stoff kosten 65 €; Wieviel m gibt es für 19,50 €?

$65\ € \,\hat{=}\, 25\ m \Rightarrow 1\ € = \dfrac{25}{65}$; $19{,}5\ € = \dfrac{25m}{65€} \cdot 19{,}5\ € = 7{,}5\ m$

oder: $x = \dfrac{25 \cdot 19{,}5}{65}$ oder als Proportionalgleichung: $\dfrac{65}{19{,}5} = \dfrac{25}{x} \Rightarrow$

$x = \dfrac{25 \cdot 19{,}5}{65}$

b) Antiproportionale Zuordnung

Eine Arktisstation mit 12 Personen kommt mit der Verpflegung 36 Tage aus.

Wie lange reicht die Verpflegung bei 9 Personen?

$12\ P \,\hat{=}\, 36d \Rightarrow 1\ P \,\hat{=}\, 36 \cdot 12;\ 9\ P \Rightarrow \dfrac{36 \cdot 12}{9} = 48\ d = x$

1.11.3 Gleichungen 1. Grades mit einer Unbekannten

Aufgaben Gleichungen 1. Grades:

a) Lösen Sie nach x auf: $\dfrac{1}{x} = \dfrac{1}{a} + \dfrac{1}{b}$

b) Lösen Sie nach c auf:

$m = \dfrac{m_0}{\sqrt{1 - \left(\dfrac{v}{c}\right)^2}}$;

1.11.4 <u>Gleichungen 1. Grades mit 2 Unbekannten</u>

Elimination einer Variablen mit dem Additions-, Gleichsetzungs- oder Einsetzungsverfahren

a) Additionsverfahren

$3x + \quad 4y = 11 \qquad | \cdot 10$

$10x - 18\,y = 21 \qquad | \cdot -3$

$30x + 40y = 110$

$-30x + 54y = -63$

$\qquad 94y = 47$

$y = \dfrac{47}{94} = \dfrac{1}{2}$

$3x = 11 - 4y$

$x = \dfrac{11-4y}{3} = \dfrac{11-4\cdot\frac{1}{2}}{3} = 3$

b) Gleichsetzungsverfahren

$3x + \quad 4y = 11 \qquad | \cdot 10$

$10x - 18\,y = 21 \qquad | \cdot \ 3$

$30x + 40y = 110$

$30x - \ 54y = \ 63$

$30x = 110 - 40y$

$30x = \ 63 + 54y$

$110 - 40y = 63 + 54y$

$94y = 47 \Rightarrow \ y = \dfrac{47}{94} = \dfrac{1}{2}$

c) Einsetzungsverfahren

$3x = 11 - 4y$

$x = \dfrac{11-4y}{3}$

$10x - 18\,y = 21$

$10 \left(\dfrac{11-4y}{3} \right) - 18\,y = 21$

$\dfrac{110}{3} - \dfrac{40y}{3} - \dfrac{54y}{3} = \dfrac{63}{3} \ | \cdot 3$

$47 = 94y \Rightarrow y = \dfrac{1}{2}$

Aufgaben 1.Grades mit 2 Unbekannten:

Berechnen Sie mit der $8x + 3y = 23$

Additionsmethode: $7x + 4y = 16$

Berechnen Sie mit der $13x + 4y = 28$

Gleichsetzungsmethode: $12x - 6y = 21$

Berechnen Sie mit der $3x + 2y = 16$

Einsetzungsmethode: $2x + 5y = 29$

1.11.5 <u>Gleichungen 1. Grades mit 3 Unbekannten</u>

Aufgabe mit 3 Gleichungen: $3x - y + 4z = 13$

$$x + 6y - 5z = -2$$

$$-4x + 2y + z = 3$$

1.11.6 Gleichungen 2. Grades mit einer Variablen

Überführung in die Normalform $x^2 + px + q = 0$

a) Quadratische Ergänzung   b) Satz von Vieta

$2x^2 - 3x - 2 = 0$ $| :2$ $X_{1,2} = -\frac{p}{2} \pm \sqrt{\left(\frac{p}{2}\right)^2 - q}$

$x^2 - \frac{3}{2}x - 1 = 0$ $2x^2 - 3x - 2 = 0$ $| :2$

$x^2 - \frac{3}{2}x = 1$ $| + (\frac{3}{4})^2$ $x^2 - \frac{3}{2}x - 1 = 0$

$x^2 - \frac{3}{2}x + (\frac{3}{4})^2 = 1 + (\frac{3}{4})^2$

$(x - \frac{3}{4})^2 = \frac{16}{16} + \frac{9}{16} = \frac{25}{16}$ $| \sqrt{}$ $X_{1,2} = +\frac{3}{4} \pm \sqrt{\left(\frac{3}{4}\right)^2 + 1}$

$X_{1,2} = +\frac{3}{4} \pm \sqrt{\frac{25}{16}}$

$x - \frac{3}{4} = \pm \frac{5}{4} =>$

$x_1 = 2 ;$ $x_2 = -\frac{1}{2}$ $x_1 = 2 ;$ $x_2 = -\frac{1}{2}$

c) Mitternachtsformel

$$x_{1,2} = \frac{-b \pm \sqrt{b^2 - 4ac}}{2a}$$

$2x^2 - 4x - 48 = 0$

$$x_{1,2} = \frac{4 \pm \sqrt{4^2 + 4 \cdot 2 \cdot 48}}{2 \cdot 2}$$

$$x_{1,2} = \frac{4 \pm 20}{4} =>$$

$x_1 = 6; \; x_2 = -4$

d) Substitution:

$x^4 + 2x^2 - 276 = 12 \quad | \; z = x^2$

$z^2 + 2z - 288 = 0$

$$z_{1,2} = -1 \pm \sqrt{(-1)^2 + 288}$$

$z_{1,2} = -1 \pm 17$

$z_1 = -18$ (Wurzel => imaginär)

$z_2 = 16$

$\Rightarrow x^2 = 16$
$\Rightarrow x_1 = 4 \; ; \; x_2 = -4$

Aufgaben Gleichungen 2. Grades:

a) $6x^2 + 7x = 3$

Lösen Sie mit der

Mitternachtsformel

b) $6x^2 + 7x = 3$

Lösen Sie mit der p,q-Formel

Lösungen

Lösungen Summenzeichen:

Schreiben Sie mit Summenzeichen:

a) $1 + 3 + 5 + 7 \ldots = \sum_{k=1}^{n} (2k - 1)$

b) $\frac{1}{2} + \frac{2}{4} + \frac{3}{8} + \frac{4}{16} + \ldots + \left(\frac{n}{2^n}\right) = \sum_{k=1}^{n} \frac{k}{2^k} = \sum_{k=2}^{n+1} \frac{k-1}{2^{k-1}}$

c) $\sum_{i=1}^{2} \sum_{j=1}^{3} 3i * 5j = 15 \sum_{i=1}^{2} \sum_{j=1}^{3} i * j$

$= 15 * \left(\begin{array}{c} 1*1 + 1*2 + 1*3 \\ + 2*1 + 2*2 + 2*3 \end{array} \right) = 15 * 18$

$= 270$

d) $\sum_{i=4}^{9} \frac{i}{2i + 1} = \frac{4}{9} + \frac{5}{11} + \frac{6}{13} + \frac{7}{15} + \frac{8}{17} + \frac{9}{19}$

$= 2{,}7715$

Lösungen Produktzeichen:

Aufgaben:

Schreiben Sie mit Produktzeichen und berechnen Sie:

$$8 * 15 * 22 * 29 * 36 * 43 = \prod_{i=1}^{6}(7i+1)$$

$$= 118.514.880$$

Berechnen Sie:

i	1	2	3	4
x_i	5	2	1	2
y_i	1	4	3	1

$$\prod_{i=1}^{4} x_i y_i$$

$$= 5 * 1 * 2 * 4 * 1 * 3 * 2 * 1 = 5 * 8 * 3 * 2 = 240$$

$$\prod_{i=1}^{8}(2i)$$

a) Berechnen Sie das Produkt

$$= 2*4*6*8*10*12*14*16 = 10.321.920$$

b) Berechnen Sie das Produkt, indem Sie die Konstante nach vorne ziehen

$$= 2^8 \cdot 8! = 10.321.920$$

Lösungen Binomische Formel:

1) : Entwickeln Sie das Binom für n = 3:

$$(a + b)^3 = a^3 + \binom{3}{1} a^2b + \binom{3}{2} ab^2 + b^3 = a^3 + 3a^2b + 3ab^2 + b^3$$

$$(a - b)^3 = a^3 - \binom{3}{1} a^2b + \binom{3}{2} ab^2 - b^3 = a^3 - 3a^2b + 3ab^2 - b^3$$

2) Entwickeln Sie das Binom $(2x \pm 5y)^3$ nach

fallenden Potenzen von x:

$$(2x \pm 5y)^3 = (2x)^3 \pm 3(2x)^2 (5y) + 3(2x)(5y)^2 \pm (5y)^3$$

$$= 8x^3 \pm 60x^2y + 150xy^2 \pm 125y^3$$

3) Wir berechnen den Wert der Potenz 104^3 mit Hilfe des Binomischen Lehrsatzes, wobei wir zunächst die Basiszahl 104 als Summe der Zahlen 100 und 4 darstellen:

$$104^3 = (100 + 4)^3 = 100^3 + \binom{3}{1} 100^2 \cdot 4^1 + \binom{3}{2} 100^1 \cdot 4^2 + 4^3$$

$$= 1.000.000 + 3 \cdot 10.000 \cdot 4 + 3 \cdot 100 \cdot 16 + 64$$

$$= 1.000.000 + 120.000 + 4.800 + 64 = 1.124.864$$

4) Berechnen Sie die Binominalkoeffizienten:

$$\binom{8}{3} = \frac{8!}{3!(8-3)!} = \frac{8!}{3! \cdot 5!} = \frac{6 \cdot 7 \cdot 8}{1 \cdot 2 \cdot 3} = 7 \cdot 8 = 56$$

$$\binom{10}{4} = \frac{10!}{4!(10-4)!} = \frac{10!}{4! \cdot 6!} = \frac{7 \cdot 8 \cdot 9 \cdot 10}{1 \cdot 2 \cdot 3 \cdot 4} = \frac{7 \cdot 10 \cdot 6}{2} = \frac{420}{2} = 210$$

5) Geben Sie das 5.Glied in der Entwicklung von $(2a + 3b)^5$ an.

$x = 2a$; $y = 3b$; $(x + y)^5$ => 4. Koeffizient = K_4; $n=5$, $k=4$

$$a_5 = \binom{5}{4} xy^4 = \frac{5! \cdot 2a \cdot (3b)4}{4!1!} = 5 \cdot 2a \cdot 81\,b^4 = 810\,ab^4$$

6) Wie lautet das 3. Glied des Binoms $(a + b)^{20}$

K_2; $n=20$; $i=2$

$$(a+b)^n = \binom{n}{i} a^{n-i} \cdot b^i ;\ k_2 = \binom{20}{2} = \frac{19 \cdot 20}{2!} = 190$$

3.Glied $a_3 = 190\,a^{18}\,b^2$

Lösungen Termumformungen:

1) $W = \frac{\pi}{32} \cdot \frac{D^2 - d^2}{D}$; $d=?$; $D=?$

$$\Rightarrow \frac{32DW}{\pi} = D^2 - d^2;\ d = \sqrt{D^2 - \frac{32DW}{\pi}}$$

$$\Rightarrow D^2 - \frac{32DW}{\pi} - d^2 = 0 \Rightarrow D_{1,2} = \frac{16W}{\pi} \pm \sqrt{\left(\frac{16W}{\pi}\right)^2 + d^2}$$

2) Lösen Sie nach a) y und b) n auf:

$(1-m)^y / [1-(1-m)^y] = (1-n) / n$

a) Nach y

$n(1-m)^y = (1-n) \cdot [1-(1-m)^y]$

$n(1-m)^y = 1 - n - (1-n) \cdot (1-m)^y$

$n(1-m)^y + (1-n) \cdot (1-m)^y = 1 - n$

$(1-m)^y (n + 1 - n) = 1 - n\ |\ \lg$

$y \lg(1-m) = \lg(1-n) \Rightarrow y = \frac{\lg(1-n)}{\lg(1-m)}$

b) Nach n

$(1-m)^y (n + 1 - n) = 1 - n$

$n = 1 - (1-m)^y$

3) Lösen Sie nach n auf: $B = \frac{r}{q^{n-1}} \cdot \frac{q^n - 1}{q-1}$

$B = \frac{r}{q^{n-1}} \cdot \frac{q^n - 1}{q-1}$ | $q^{n-1} \cdot (q-1)$

$B \cdot q^{n-1} \cdot (q^1 - 1) = r \cdot (q^n - 1)$

$B \cdot q^n - B \cdot q^{n-1} = rq^n - r$

$B \cdot q^n - B \cdot q^{n-1} - rq^n = -r$

$q^n (B - Bq^{-1} - r) = -r$

$q^n = \frac{-r}{B - Bq^{-1} - r}$ | $\cdot (-1)$

$q^n = \frac{r}{r + B(\frac{1}{q} - 1)}$ | $\ln$

$n \ln q = \ln \frac{r}{r + B(\frac{1}{q} - 1)}$ $\Rightarrow$ $n = \dfrac{\ln \frac{r}{r + B(\frac{1}{q} - 1)}}{\ln q}$

4) Lösen Sie nach x auf: $y = \frac{\sqrt{e^x}}{e^x + 1}$

$y(e^x + 1) = \sqrt{e^x}$

$\Rightarrow ye^x + y = \sqrt{e^x}$ | $(\,)^2$

$(ye^x + y)^2 = e^x$

$y^2 e^{2x} + 2y^2 e^x + y^2 = e^x$

$y^2 e^{2x} + 2y^2 e^x + y^2 - e^x = 0$

$y^2 e^{2x} + e^x (2y^2 - 1) + y^2 = 0$ | $: y^2$

$e^{2x} + e^x \frac{(2y^2 - 1)}{y^2} + 1 = 0$

$$e^x{}_{1,2} = -\frac{(2y^2 - 1)}{2y^2} \pm \sqrt{\left(\frac{2y^2 - 1}{2y^2}\right)^2 - 1}$$

$$e^x{}_{1,2} = \frac{(1 - 2y^2)}{2y^2} \pm \sqrt{\left(\frac{2y^2 - 1}{2y^2}\right)^2 - 1}$$

$$e^x{}_{1,2} = \left(\frac{1}{2y^2} - 1\right) \pm \sqrt{\left(1 - \frac{1}{2y^2}\right)^2 - 1}$$

$$e^x{}_{1,2} = \left(\frac{1}{2y^2} - 1\right) \pm \sqrt{1 - \frac{1}{y^2} + \frac{1}{4y^4} - 1}$$

$$e^x{}_{1,2} = \left(\frac{1}{2y^2} - 1\right) \pm \sqrt{\frac{1}{y^2}\left(\frac{1}{4y^2} - 1\right)}$$

$$ln\,e^x{}_{1,2} = \ln\left[\left(\frac{1}{2y^2} - 1\right) \pm \sqrt{\frac{1}{y^2}\left(\frac{1}{4y^2} - 1\right)}\right]$$

$$x_{1,2} = \ln\left[\left(\frac{1}{2y^2} - 1\right) \pm \sqrt{\frac{1}{y^2}\left(\frac{1}{4y^2} - 1\right)}\right]$$

Lösungen Gleichungen 1. Grades:

a) Lösen Sie nach x auf: $\quad \dfrac{1}{x} = \dfrac{1}{a} + \dfrac{1}{b}$

$$\Rightarrow x = \frac{1}{\frac{1}{a} + \frac{1}{b}} = \frac{1}{\frac{b+a}{a \cdot b}} = \frac{a \cdot b}{a+b}$$

b) Lösen Sie nach c auf:

$$m = \frac{m_0}{\sqrt{1-\left(\frac{v}{c}\right)^2}} \; ; \qquad \sqrt{1-\left(\frac{v}{c}\right)^2} = \frac{m_0}{m} \quad \big|\,(\,)^2$$

$$1 - \left(\frac{v}{c}\right)^2 = \left(\frac{m_0}{m}\right)^2$$

$$\left(\frac{v}{c}\right)^2 = 1 - \left(\frac{m_0}{m}\right)^2 \quad \big|\ \sqrt{}$$

$$\frac{v}{c} = \sqrt{1 - \left(\frac{m_0}{m}\right)^2} \Rightarrow c = \frac{v}{\sqrt{1-\left(\frac{m_0}{m}\right)^2}}$$

Lösungen 1.Grades mit 2 Unbekannten:

Berechnen Sie mit der Additionsmethode:

$8x + 3y = 23$

$7x + 4y = 16$

$8x + \quad 3y = 23 \qquad | \cdot 4$

$7x + \quad 4y = 16 \qquad | \cdot -3$

$32x + 12y = 92$

$-21x - 12y = -48$

$\qquad 11x = 44$

$\qquad \underline{x = 4}$

$8 \cdot 4 + 3y = 23 \ | -32$

$\qquad 3y = -9$

$\qquad \underline{y = -3}$

Berechnen Sie mit der Gleichsetzungsmethode:

$13x + 4y = 28; \ 12x - 6y = 21$

$13x + \ 4y = 28 \qquad | \cdot 3$

$12x - 6y = 21 \qquad | \cdot -2$

$39x + 12y = \quad 84$

$-24x + 12y = -42$

$12y = 84 - 39x$

$12y = -42 + 24x$

$84 - 39x = -42 + 24x$

$\qquad 126 = 63x$

$\qquad x = 2 \qquad\qquad 26 + 4y = 28 => 4y = 2; \ y = \dfrac{1}{2}$

25

Berechnen Sie mit der

Einsetzungsmethode:

3x + 2y = 16

2x + 5y = 29

$x = \frac{29-5y}{2}$

$3\left(\frac{29-5y}{2}\right) + 2y = 16 \mid \cdot 2$

87- 15y + 4y = 32

3x + 2y = 16

2x + 5y = 29

2x = 29 − 5y

11y = 55 => y = 5

3x + 2y =16

3x = 6 => x = 2

Aufgabe mit 3 Gleichungen:

3x − y + 4z = 13

x + 6y - 5z = -2

-4x + 2y + z = 3

x + 6y - 5z = -2 | · (-3)

-3x - 18y + 15z = 6

3x - y + 4z = 13

-19y + 19z = 19

x + 6y - 5z = -2 | · (4)

4x + 24y - 20z = -8

-4x + 2y +   z = 3

26y - 19z = -5

-19y + 19z = 19

7y = 14

y = 2

3x + 4z = 13 + y = 15

x - 5z = -2 - 6y = -14 | · (-3)

-3x + 15z = 42

3x + 4z = 15

19z = 57 => z = 3

x + 6y - 5z = -2 => x = -2 - 12 + 15 => x = 1

Lösungen Gleichungen 2. Grades:

a) $6x^2 + 7x = 3$

Lösen Sie mit der

Mitternachtsformel

b) $6x^2 + 7x = 3$

Lösen Sie mit der

p,q-Formel

$6x^2 + 7x - 3 = 0$

$$x_{1,2} = \frac{-b \pm \sqrt{b^2 - 4ac}}{2a}$$

$$x_{1,2} = \frac{-7 \pm \sqrt{49 + 4 \cdot 6 \cdot 3}}{2 \cdot 6}$$

$$x_{1,2} = \frac{-7 \pm \sqrt{121}}{12}$$

$$x_1 = \frac{1}{3}; \, x_2 = -\frac{3}{2}$$

$6x^2 + 7x - 3 = 0 \qquad | :6$

$$x^2 + \frac{7}{6}x - \frac{1}{2} = 0$$

$$x_{1,2} = -\frac{7}{12} \pm \sqrt{\left(\frac{7}{12}\right)^2 + \frac{1}{2}}$$

$$x_{1,2} = -\frac{7}{12} \pm \sqrt{\frac{49}{144} + \frac{72}{144}}$$

$$x_{1,2} = -\frac{7}{12} \pm \sqrt{\frac{121}{144}} = -\frac{7}{12} \pm \frac{11}{12}$$

$$x_1 = \frac{1}{3}; \, x_2 = -\frac{3}{2}$$

Literaturverzeichnis

Vorlesungsskript Höhere Mathematik (TWL) Detlef Uhlich

Mathematik für Ingenieure und Naturwissenschaftler, Lothar Papula,

Band 1, Vieweg-Verlag

Mathematik für Ingenieure und Naturwissenschaftler, Lothar Papula,

Band 2, Vieweg-Verlag

Mathematik für Ingenieure und Naturwissenschaftler, Lothar Papula,

Klausur- und Übungsaufgaben, Vieweg-Verlag

Mathematische Formelsammlung, Lothar Papula, Vieweg-Verlag

Mathematik für Ingenieure, Lehrbuch, Thomas Rießinger, Springer Vieweg

Mathematik für Ingenieure, Übungsbuch, Thomas Rießinger, Springer Vieweg

3000 solved Problems in Calculus, Elliott Mendelson,

Schaum's outlines

Höhere Mathematik kompakt, Lehrbuch, Georg Hoever, Springer Spektrum

Arbeitsbuch Höhere Mathematik, Lehrbuch, Georg Hoever, Springer Spektrum

Physik   Dipl.-Phys. Hans-Jürgen Hellberg Heft 1 bis 4, BoD